VOLUME 8

COMMENT L'UNIVERS S'EST FORMÉ
Almatrinos et Urdires

PREMIÈRE ÉDITION

Carlos L. Partidas

quimicor2@gmail.com

Copyright © 2019 Carlos Partidas
N° 15875
Depósito Legal/Dépôt légal N° MI2019000147

ENREGISTREMENT DE LA PROPRIÉTÉ INTELLECTUELLE SAPI : N° 8074
DU COMPENDIUM DE LA CHIMIE DES MALADIES
RÉPUBLIQUE BOLIVARIENNE DU VENEZUELA, 07/05/2010
Tous droits réservés /All rights reserved.

DEDICATOIRE

POUR TOUS LES ÊTRES QUI HABITENT L'UNIVERS

TABLE DES MATIÈRES

Chapitre		Page
1	INTRODUCTION	1
2	LES FORCES D'INTÉGRATION	8
3	AUGMENTATION DE MASSE	17
4	LA MASSE RELATIVISTE D'EINSTEIN	26
5	PARDONNE-MOI, EINSTEIN	32
6	VITESSE DES ALMATRINOS	38
7	ÉQUATION QUI A FORMÉ L'UNIVERS	44

RECONNAISSANCE

À toute l'énergie qui anime tous les êtres vivants
qui habitent la Terre

1
INTRODUCTION

Albert Einstein a déduit qu'il existe une relation entre la teneur en masse m0 d'une particule et sa quantité d'énergie E, par l'équation $E=m_0C^2$. Cette masse est différente du concept de masse d'Isaac Newton, qu'on devrait plutôt appeler matière, car la masse m_0 à laquelle Einstein faisait référence. C'est la masse d'une particule à une échelle subatomique, qui est liée au mouvement de la particule mais pas à la force de gravité. Et la masse de Newton fait plutôt référence au poids des très gros corps. De cette façon, Albert Einstein affirme que les particules, en acquérant le mouvement, créent leur propre masse, et que cette masse m acquise doit être considérée de la manière suivante :

$$m = \frac{m_0}{\sqrt{1-V^2/C^2}}$$

E-1

Etant m, la masse que la particule acquiert quand elle est en mouvement, m_0 est la masse de la particule quand elle est immobile, V est la vitesse de la particule en mouvement et C est la vitesse de la lumière.

Et c'est de ce concept relativiste d'Albert Einstein que nous avons déduit une équation qui nous permet d'expliquer comment l'Univers a été formé, et qui est donné par :

$$\mathcal{V} = \frac{m_0 C^3}{E}$$

E-2

Être E, l'énergie qui a été générée à l'intérieur de la petite bulle, qui représentait pour ce moment l'Univers naissant, et $\mathcal{V}$ est la vitesse que la particule a acquise, quand celle-ci a commencé à accélérer de son état d'inactivité ou d'immobilité, ou où n'existait toujours pas ce que nous appelons aujourd'hui Universels. Et cette toute petite énergie serait ce que Max Planck appellerait le "quantum d'action", c'est-à-dire la quantité minimale d'énergie dont le système a besoin pour se propulser. Ou à ce moment-là, l'énergie minimale a été générée que le système a été capable de réveiller par lui-même ; et une fois que le système a pris son impulsion, rien ne pourra plus l'arrêter.

Mais cette équation $E = m_0 C^3 / \mathcal{V}$; bien que très simple, elle donne un sens énorme à un cas complexe mais réel, car elle nous montre comment l'Univers a été créé. Parce que lorsque la particule a commencé à s'accélérer, l'Energie E tend vers une valeur infinie. Par conséquent, à l'intérieur de cette petite bulle, une quantité relativement énorme de chaleur Q a été générée, qui a fait éclater cette microbulle, et c'est ce qui a déclenché la formidable activité énergétique de l'Univers. Parce que de cet événement, ce qui émerge n'est que de l'énergie. Et lorsque nous disons que l'énergie était relative, ce que nous voulons dire, c'est que cette énergie, aussi petite soit-elle, était trop grande pour être soutenue par un système avec ces dimensions minimales. Et cette énergie émergente, bien que tout aussi petite, a provoqué $\mathcal{V}$, c'est-à-dire que la vitesse de la particule a également augmenté vers une valeur infinie. C'est-à-dire, quand E était très petit, $\mathcal{V} = m_0 C^3 / E$ ($\mathcal{V} \to \infty$).

Et ce cas nous montre que $U=C^3$, c'est-à-dire que cette particule a réussi à se déplacer à une vitesse équivalente au cube de la vitesse de la lumière. Et cela brise le concept ou la notion que rien ne peut voyager à une vitesse plus rapide que la lumière, ou viole apparemment la loi de la relativité d'Albert Einstein. Mais il s'avère que cette vitesse énorme, ou C^3, peut en fait être obtenue par extrapolation à partir de données expérimentales. Seulement qu'Einstein ne voulait pas voir plus loin, ou quand U/C était supérieur à 1 ($U/C>1$). Parce qu'Einstein faisait tout par rapport à la vitesse C de la lumière, ou tout ce qu'il imaginait et racontait quand $U/C<1$ parce qu'il en déduisait que rien ne pouvait voyager à une vitesse plus rapide que la lumière ; car si c'était le cas, dans l'équation E-1, la masse m devait nécessairement être imaginaire.

Mais dans ce travail, ce que nous voulons démontrer, c'est qu'en réalité, il y a des particules qui peuvent se déplacer à une vitesse plus rapide que la lumière. Mais parce que ce type de particule est le plus petit qui existe, nous avons dû l'identifier à un autre nom ; et parce qu'il a cette connotation différente, nous l'avons appelé almatrino. Parce que c'est différent des autres. Et parce qu'en plus d'être les particules créatives de l'Univers, elles sont aussi celles qui ont donné naissance aux esprits. Donc avec ce nom almatrino, ce que nous voulons, c'est connote une trinité énergétique, parce qu'en réalité les humains et tous les êtres vivants, nous sommes faits d'âme-urdires-conscience, c'est-à-dire, âme-trine.

Bien sûr, comme ces particules sont les plus petites, elles n'ont ni charge ni masse, car pour créer la masse de l'Univers n'était pas nécessaire ; la seule chose produite dans l'Univers est l'énergie. Et la masse se forme lorsque cette même énergie est capable de se condenser par l'intervention d'autres forces intégrantes ou agglutinantes. Ils sont comme de la colle. C'est pourquoi ces forces sont également appelées de la colle de langue anglaise, d'où le terme gluon est dérivé. Et pour cette raison, ou parce que nos forces d'union sont différentes des gluons, ou bien qu'elles remplissent la même fonction d'intégration, des forces qui servent à unir les almatrinos, nous avons dû les appeler urdires, car ce sont les forces qui s'intègrent, d'une manière similaire au processus du tissage des fils pour tisser un tissu.

Et les almatrinos avec les urdires, ont formé une autre sorte de fils de lumière si intense, c'est ce qui nous a rendus énergétiquement stables, et d'être des êtres totalement indépendants. Et ces entités énergétiques ne peuvent plus se désintégrer, parce qu'il n'y a plus d'énergie qui ait assez de force pour briser cette union. Mais imaginons toute la population marine ; un énorme essaim d'organismes, d'abeilles, de fourmis, de termites, de plantes, d'animaux sauvages, etc., ou les millions de spermatozoïdes dans les testicules de tous les animaux mâles, tous formés par des almatrines avec la force intégrante des urdires ! Ou les plus de sept milliards d'êtres humains également différents ; ou les entités énergétiques qui font partie des êtres cosmiques ; mais aussi ceux qui ne se sont pas encore incarnés, ou qui n'ont pas besoin de participer à ce système de vie sur Terre. Et vraiment, que sur Terre, nous pouvons percevoir la vie partout : que ce soit sous forme de plantes, d'algues, de champignons, de coraux, de spores, d'insectes, d'animaux mammifères, d'oiseaux, d'humains ou autres, et ils sont tous vraiment composés d'une autre énergie, mais sous la forme de lumière agglutinée. Mais en même temps, c'est la seule énergie qui est consciente d'elle-même.

Et il est évident que l'Univers a été formé à partir de rien. Et quelque chose de plus petit que ce point, qui n'existe pas vraiment. Parce que si l'énergie était très faible, et que les almatrinos n'avaient pas de masse, nous pouvons assurer qu'au début, ou dans ce lieu, rien n'existait comme masse. Et seulement la plus petite quantité d'énergie que nous puissions imaginer, mais qu'il suffisait de perturber le plus petit espace qui puisse tenir dans notre esprit. Logiquement, nous devrons faire un effort dans notre entéléchie pour imaginer combien ces dimensions sont petites. Mais pensons seulement qu'à l'intérieur d'un électron nous pouvons accueillir environ 10 mille neutrinos, et à l'intérieur d'un neutrino nous pouvons introduire environ 10 mille almatrinos ! Par conséquent, toute matière physique qui existe peut être transférée par ces particules almatriniques, car pour elles, l'électron ou le noyau d'un atome serait trop grand.

De telle sorte que l'analyse que nous proposons, nous le ferons en utilisant les lois de la physique existantes, ou les idées qui sont déjà enracinées dans l'esprit analytique des êtres humains, parce qu'en réalité, cette physique classique, ou comme elle est, ne nous a mis que sur ce chemin étroit, ou par des chemins de calcul très complexes, et ce n'est pas précisément l'idée que nous voulons exprimer dans ce livre. Parce qu'avec cette analyse, ce que nous voulons vraiment, c'est donner un sens logique, ou une explication à ces phénomènes que nous pouvons percevoir ou qui nous arrivent. Et la manière d'exprimer plus en détail l'émergence de la vie et l'énergie qui forme l'esprit, nous avons considéré séparément dans les livres "La chimie de l'esprit" et "La chimie de la pensée".

Mais Albert Einstein a dit un jour, faisant référence à l'un des plus grands scientifiques de la physique : « Pardonnez-moi

Newton, mais les déductions que vous avez faites pour les gros corps ne s'appliquent pas aux très petites particules ». Mais ensuite vint l'un de ceux qui utilisaient le plus les principes de la physique quantique, Stephen Hawking, et qui disait : « Pardonnez-moi Einstein, mais les déductions que vous avez faites ne s'appliquent pas pour expliquer les phénomènes des particules élémentaires ». Et apparemment, nous avons surgi, en disant avec les almatrinos et les urdires : pardonnez-moi Einstein, mais les almatrinos sont les plus petites particules qui existent, mais en plus, ils peuvent bouger plus vite que la lumière. Et, pardonnez-moi Hawking, parce que d'une manière très simple, cela contredit aussi la théorie du Big Bang.

Parce que, comme Albert Einstein l'a lui-même déduit, parce que c'est lui qui a prédit que lorsque l'énergie voyage à une grande vitesse, elle peut se passer de masse pour manifester son existence. Par conséquent, on dit que l'énergie est équivalente à la masse. De telle sorte que l'énergie, bien que se transformant en masse et celle-ci à nouveau en énergie, les deux formes seront toujours réelles. Et une particule énergétique qui parvient à se déplacer à une vitesse supérieure à celle de la lumière, de cette vitesse élevée, est créée, ou l'énergie est transformée en une quantité de masse relative.

Mais les almatrinos peuvent voyager plus vite que la lumière pour plusieurs raisons : mais disons, parmi les premiers arguments, ils peuvent le faire, parce que les almatrinos sont très petits par rapport à la taille de toute particule élémentaire. Et, d'autre part, parce que rien ne les arrête dans leur trajectoire, c'est-à-dire qu'il est impossible que les almatrinos entrent en collision les uns avec les autres, et moins contre les autres, car il n'y a pas de particules élémentaires plus petites que les almatrinos, ce qui permet de les utiliser comme support pour certains rebonds. De telle sorte que les noyaux de la matière ordinaire, comme il a été dit, sont trop gros pour les almatrines. C'est pourquoi les almatrines se déplacent toujours en ligne droite et sans aucun obstacle qui se dresse sur leur chemin. Mais en plus, ils peuvent accélérer, et leur accélération leur permet d'atteindre une vitesse supérieure à celle de la lumière. Et c'est cette vitesse énorme qui a amené les almatrines à produire toute la masse qui existe, et qui existera dans l'Univers.

Et obligatoirement, qu'au début, il devait exister une classe de particules à très faible contenu énergétique. C'est-à-dire que dans le temps zéro, ou là où il n'y avait rien, nous ne pouvions pas imaginer ce petit Univers, mais qui à son tour était très chaud ou très énergique, ce qui est impossible, car cela nous obligerait à chercher l'origine de cette chaleur. De telle sorte que l'Univers doit avoir commencé à se former, par le mouvement de certaines particules à faible énergie ou avec une accélération très minimale. Et de là, c'est à partir de là que l'Univers a commencé à se former efficacement, qui contient maintenant, ou nous montre sa partie physique tangible et mesurable. Mais aussi, de ces interactions, il restait une partie énergétique et de matière qui continuera d'être invisible, car elles n'ont pas réussi à s'intégrer.

Mais le plus compliqué serait de savoir combien de temps ces particules sont restées dans le temps zéro ; parce que si les particules sont encore, elles n'interagissent pas, et les forces nécessaires ne sont pas générées pour les forcer, ou il n'y a pas ce que Max Planck appelle, quanta, ou quantum d'une action. De telle sorte qu'au point zéro, ou avant d'atteindre une situation instable pour perturber le petit espace, une force doit avoir surgi ou provenir ; et cette force était aussi imperceptible, l'énergie qui motivait le début de la formation de l'Univers. Et pourtant, cet effet n'a pas cessé et ne pourra pas s'arrêter, et l'Univers ne cessera pas de croître, car avec l'apparition d'une nouvelle quantité de chaleur Q, celle-ci sera de plus en plus grande, mais à son tour, cela entraînera la formation de plus de masse, selon l'équation $m=m_0+Q/C^2$, ou $Q=\Delta mC^2$; et dans la même mesure, ou chaque fois qu'une nouvelle masse m se forme, une quantité d'énergie qui a été générée sous forme de chaleur se condensera, mais une nouvelle quantité de chaleur Q apparaîtra, ce qui explique pourquoi la croissance de l'Univers se produit à un rythme accéléré.

Les almatrines et les urdires étaient intégrés et formaient la conscience, c'est-à-dire l'énergie consciente qui anime tout être vivant. Par exemple, c'est le fluidum ou souffle de vie de l'être humain. Ainsi, les almatrinos avec les urdires sont les forces qui maintiennent actif ce flux énergétique de tous les êtres vivants qui peuvent exister sur Terre, mais aussi les classes infinies d'entités énergétiques qui vivent dans l'Univers.

2

LES FORCES D'INTÉGRATION

Si nous voulons faire une comparaison plus réelle de l'intégration des almatrinos avec les urdires, le plus proche que nous ayons trouvé pour comprendre comment ces forces intervenantes sont, serait les gluons. Mais la découverte des gluons, nous allons les décrire de manière légère, ou seulement pour faire une comparaison nécessaire, et pour avoir une idée de l'immense quantité d'énergie qu'ils acquièrent, et combien les almatrinos sont vraiment petits.

Et la probabilité de pouvoir saisir les almatrinos semble trop éloignée, à cause de leur petite taille, et il n'y a rien qui puisse les retenir, parce qu'il n'y a rien de plus petit que des almatrinos pour les intercepter ; ou pour laisser une trace sur le rebond. Il sera peut-être impossible d'identifier les almatrines.

Mais disons, pour le comparer, qu'un gluon est ce qu'on appelle un « boson vecteur », ce qui signifie qu'il a une valeur de spin one. Les bosons sont des formes d'énergie, qui ont une valeur ou un nombre de tourbillon, qui est également appelé un spin, mais sa valeur numérique est un entier. Par exemple, le boson de Higgs a une valeur de rotation nulle. Le gluon est la force de liaison qui lie les quarks ensemble pour former des particules subatomiques plus denses appelées hadrons. Ils interviennent aussi pour maintenir les noyaux atomiques ensemble ; et les gluons eux-mêmes peuvent interagir entre eux, ou entre les gluons d'autres quarks ou les gluons d'autres noyaux, ou par échange entre les mêmes gluons. C'est pourquoi nous pouvons dire que les urdires, parce qu'ils sont des forces intégratrices plus intenses que les gluons, peuvent interagir pour intégrer les almatrinos, mais aussi s'intégrer entre eux, et former d'autres types d'énergies où l'on inclut les esprits. Qui peut fonctionner indépendamment, mais former une sorte d'énergie qui est, ou est consciente d'elle-même.

Mais dans les gluons, ces interactions sont si complexes et variées qu'au lieu de la charge électrique positive-négative que nous connaissons normalement, les gluons interagissent à travers un autre type de force énergétique appelée "charges de couleur". Et ce type de charge devait être défini de cette manière afin d'expliquer ou de donner un sens aux différents types d'interactions mentionnés. De telle sorte que l'on peut penser qu'il doit exister un autre type d'interaction entre les urdires. Ou peut-être que la force d'intégration entre les urdires était si intense qu'il n'y avait plus d'union après que les esprits se soient formés. Parce qu'il n'y avait plus de force énergétique suffisante, ni de force capable de continuer à intégrer plus d'almatrines. Mais c'est ainsi qu'ils ont pu former les yotta-configurations énergétiques stables ; mais qu'en plus, ils ont pu faire la différence entre eux. Parce que si vous vous tournez et regardez quelque part, vous verrez qu'il y aura un Etre différent de vous, ou même si vous essayez d'en chercher un exactement comme vous, parmi les 7 milliards d'êtres humains, vous ne le trouverez pas.

Mais comme nous l'avons dit, la comparaison est nécessaire, pour qu'elle puisse servir de guide relatif ou réel, ou nous aider à comprendre un peu mieux, si nécessaire, ce que nous entendons par almatrinos avec les urdires, qui intègrent une autre énergie, que nous appelons plutôt conscientia. Et nous l'appelons conscientia, pour caractériser cette énergie qui active, parce que nous ne saurons pas, s'il est correct d'appeler esprit, l'énergie qui conduit, par exemple, à une fourmi.

Mais suivant le concept des gluons, la couleur attribuée à la charge électronique, si on peut l'appeler ainsi, est un type de charge similaire à la charge électrique physique que nous connaissons, par exemple entre les pôles négatif et positif d'une batterie galvanique. Mais grâce à cette notion des gluons, c'est comme si dans la batterie galvanique, nous avions trois pôles ou plus connectés. Ainsi, trois propriétés de charge ont été identifiées dans les gluons, auxquelles trois couleurs ont été attribuées : rouge, vert et bleu.

Maintenant, dans ces charges électroniques connues d'une batterie, chaque pôle a sa contrepartie, donc avec le pôle positif doit nécessairement être le négatif, de sorte que les électrons peuvent passer du pôle négatif, où il y a une charge excessive, au pôle positif où il y a manifestement un déficit de charge. Et c'est cette différence de charges qui génère un courant électrique. De la même manière, entre les gluons, une série d'interactions est générée avec chaque couleur, c'est-à-dire une couleur avec son anticouleur. En d'autres termes, la charge rouge à sa charge anti-rouge, etc. Et chaque charge de couleur, est celle qui donne lieu aux différentes forces d'union, qui sont responsables des interactions ; par exemple, ce sont les forces qui se lient entre les quarks pour former des hadrons et les différentes interactions qui se produisent entre les mêmes gluons.

Par conséquent, nous pouvons imaginer que de la combinaison entre les différentes charges d'urdires, une quantité infinie de combinaisons possibles d'énergie entre les almatrinos avec les urdires et entre les mêmes urdires surgissent également. Parce que c'est la seule façon de pouvoir nous expliquer pourquoi nous sommes si nombreux et si différents. Et peut-être ne saurons-nous pas que si au lieu de trois comme dans les gluons, il se forme plutôt sept classes de charges, parce que également nous pourrions les appeler plutôt fréquences, comme dans les notes musicales. Car ces formes de combinaison et d'interaction entre les sept charges créent une énorme quantité de formes énergétiques, c'est-à-dire les pièces musicales variées et différentes. Et c'est de ces sept notes, ou formes de charges, que naissent les formes infinies d'esprits et de conscience, avec leurs formes de vie : disons un humain, un chien, une baleine, un chat, une vache, une abeille, une palourde, un corail, une fourmi, une fleur, une plante, un ver, une bactérie, une cellule, un sperme, un ovaire, etc. Mais si nous nous consacrons à l'élaboration d'une liste complète de ces combinaisons, ce serait quelque chose d'impossible à compléter.

Mais certaines de ces combinaisons sont celles qui sont ancrées à la masse, et qui forment les combinaisons infinies d'organismes que nous parvenons à identifier, mais qui sont des corps nécessaires, afin que les almatrinos avec leurs urdires puissent effectuer cet ancrage. Et cet ancrage de l'énergie avec la matière doit se faire d'abord dans les cellules, car à l'intérieur des cellules, il y a l'ADN et l'ARN, qui sont les seules structures qui se répliquent et donnent forme physique à tous les êtres vivants qui existent sur Terre.

La théorie quantique associée aux interactions des quarks, des hadrons et des gluons est connue sous le nom de chromodynamique quantique. Nous ne saurons donc pas s'il sera nécessaire de formuler une nouvelle théorie pour expliquer les interactions infinies qui se produisent entre les urdires et les almatrinos, et elle doit être supérieure aux trois couleurs identifiées pour les gluons. Et pour faire référence à ces interactions à travers une théorie, on pourrait l'appeler « Quantum Urdirodynamics ». Ou peut-être est-ce que ces formes sont affectées par un effet appelé chiralité, c'est-à-dire par une combinaison d'almatrines gauchères et droitières.

De telle sorte que maintenant nous pouvons penser que les interactions qui ont eu lieu au début entre les almatrinos, ont créé les conditions nécessaires, de sorte que ces mêmes types de forces d'intégration ont surgi, et de nouvelles particules ont été produites. Et certainement les différentes formes de masse ; et de là émanaient les formes infinies d'énergie intelligente qui ont été projetées avec leur propre force, vitesse, et une quantité nécessaire d'énergie, pour former tant de formes conscientes, en plus des esprits qui se répandent dans l'Univers.

Et de plus, qu'avec les forces énergétiques intégrant les gluons, deux autres classes de particules se sont formées ; mais elles différaient, et on les appelle plutôt bosons et fermions. Mais une distinction clé entre ces deux familles de particules est que les fermions obéissent au principe d'exclusion de Pauli, qui établit qu'il ne peut y avoir deux fermions identiques simultanément au même niveau fondamental, ou qu'ils occupent un niveau avec le même nombre quantum. C'est-à-dire qu'ils ont à peu près la même position, la même vitesse et le même sens de rotation. Parce que cela correspond à des bosons. Par exemple, il ne peut pas y avoir deux fermions qui ont une torsion ou un spin $+\frac{1}{2}$, car la somme de la torsion serait 1, et cette valeur correspond à un boson. Dans ce cas, à un photon. De même, deux bosons qui ont la valeur 1 au même niveau quantique donneraient un autre boson dont la valeur énergétique est 2, et ainsi de suite. De telle sorte que deux fermions puissent occuper le même niveau ou nombre quantique, mais l'un d'eux, doit avoir une valeur de spin $+\frac{1}{2}$, tandis que l'autre a une valeur $-\frac{1}{2}$. Et c'est peut-être d'ici que surgit le problème de la chiralité, et les divergences qui se forment entre les esprits, c'est-à-dire les revers. Par exemple, les jumeaux passent habituellement du temps à se disputer entre eux.

Cela signifie que les almatrines ne peuvent pas être des bosons, parce qu'au début, ou quand elles ont été formées, elles se seraient unies les unes aux autres pour n'en intégrer qu'une. De telle sorte que les almatrinos sont vraiment des fermions. En revanche, les bosons obéissent à la règle statistique de Bose-Einstein, et n'ont pas cette restriction. Par conséquent, les bosons peuvent être intégrés les uns aux autres, même s'ils sont dans des états fondamentaux identiques. Mais si les almatrines étaient des bosons, elles se seraient regroupées ; ou fusionnées, et l'Univers n'existerait pas avec ses galaxies, étoiles et planètes. C'est-à-dire que nous n'existerions ni en tant que corps ni en tant qu'esprits, parce qu'il n'y aurait pas eu de force intégratrice, comme les urdires. Qui, évidemment qu'ils sont des bosons, parce qu'ils parviennent à intégrer les almatrines et à s'intégrer entre eux, à former des unités énergétiques indépendantes et l'intégrité. Par exemple, les gluons, sont les forces qui s'unissent, afin de retenir l'énergie, de sorte que cette énergie est maintenue formant la matière, ou sous forme de hadrons ; et de ces hadrons les quarks et les leptons (principalement les électrons, muons et tau) qui entre tous (leptons et quarks) forment toute la matière qui est contenue dans l'Univers.

Et au moment où les gluons se sont levés, ils ont dû émaner une autre sorte de force qui a intégré les almatrines pour former les esprits. Et si ces mouvements rotatifs de particules n'existaient pas, ce qui génère ces forces d'intégration, bien sûr les atomes se désintégreraient, ou rien ne se serait formé comme matière, et l'Univers ne serait qu'énergie lumineuse mais sans masse.

Car sans doute, pour qu'un champ d'énergie existe, les particules doivent être en mouvement constant. Par exemple, le champ électromagnétique est généré par les électrons, seulement quand ils sont en mouvement. Et le mouvement des électrons est nécessaire pour générer du courant électrique, qui peut passer par des lignes ou par un circuit électronique, ou comme il a été dit, entre les pôles d'une batterie, mais pas sans profiter de ce courant ou mouvement, afin que les électrons puissent faire un travail. Car si le circuit électronique est déconnecté entre ses deux pôles, le courant électronique ne circulera pas et l'activité sera donc nulle dans ce circuit.

La rotation d'une particule fut découverte pour la première fois dans l'électron ; et c'est grâce au physicien allemand Ralph Kronig, qui suggéra au début de 1925, que cette rotation fut produite par l'autorotation de l'électron. Mais quand Wolfgang Pauli découvrit l'idée de Kronig, il la critiqua et fit remarquer que dans ce cas, ce mouvement hypothétique de l'électron qui tourne en lui-même, devrait être plus rapide que la lumière, afin que la rotation soit assez rapide pour produire le moment angulaire nécessaire. Et ce fait de supposer qu'une particule puisse voyager à une vitesse supérieure à celle de la lumière a effectivement violé la théorie de la relativité d'Albert Einstein. Mais d'après Pauli. Cependant, Kronig avait raison ; puisque mathématiquement parlant, l'effet d'un ensemble tangentiel est sommatif et relativiste, et c'est pourquoi nous disons que deux spins de ½ peuvent être additionnés et obtenir la valeur 1, qui est la valeur correspondant à un boson.

Mais aussi cette propriété de l'autogire disparaît lorsque la vitesse de la lumière tend vers l'infini. Et cette valeur de vitesse au-dessus de la lumière a été mathématiquement éliminée lorsque la valeur de rotation de l'électron a été remplacée par une valeur numérique, équivalente à la moitié de la valeur du nombre quantum. C'est-à-dire, sans tenir compte de l'orientation tangentielle dans l'espace. Mais il s'ensuit aussi que pour les fermions, cette rotation peut être de signe opposé : de droite à gauche ou de gauche à droite, ou dans le sens inverse, (+½ et -½) mais cela ne s'applique pas aux bosons, car ce nombre est un entier entre deux valeurs divisé par deux : 0/2=0, 2/2=1, 4/2=2, 6/2=3, etc.

Mais si nous voulions avoir une représentation visuelle de ces interactions, nous devons ces idées au physicien américain Richard Phillips Feynman, qui s'est consacré au dessin graphique de ces interactions, afin d'expliquer le concept. Feynman a donc réussi à les faire comprendre, ou à imaginer à travers un dessin, comment une particule entre en collision avec son antiparticule, pour former par exemple un rayon de lumière. Parce que de la collision d'un électron avec son antiparticule, c'est-à-dire le positon, émerge un rayon de lumière ; et de ce rayonnement émanent les quarks ; puis les hadrons qui composent les quarks, et avec les quarks se forment les noyaux, et ainsi de suite, comme dans une cascade complexe de particules et événements, qui génère aussi la recherche d'explications, au moyen des formules mathématiques, pour être capable de modeler ou systématiser cette multitude de phénomènes physiques. Mais imaginons maintenant les interactions infinies des almatrinos avec les urdires, ce qui serait vraiment énorme pour Feynman de les dessiner. Mais imaginons qu'il était possible d'atteindre une condition d'énergie relative en équilibre, et où il n'y aurait plus d'interactions possibles. Ou au moins avec la même intensité qu'au début, parce que l'énergie de l'Univers diminuait, dans la même mesure que la bulle qui contient l'Univers, augmentait en taille.

3

AUGMENTATION DE MASSE

La masse est une définition utilisée pour se faire une idée de la quantité de matière dans un corps. Elle est différente du poids du corps. Lorsque l'énergie est recueillie ou piégée par les forces cohésives que nous avons décrites, cette énergie, à son tour, deviendra une autre forme d'énergie que nous appelons masse, mais ce n'est pas nécessairement le poids. Parce que le poids fait référence à la force exercée par la gravité sur la masse. Cependant, la gravité n'influence pas le contenu de la masse du corps. D'où une certaine confusion ; pour la physique mécanique, la masse d'un corps est une constante qui est influencée par la gravité. Alors que pour la physique de la relativité, la gravité n'influence pas la masse d'une particule, et cette masse est fonction du mouvement de cette particule par rapport à la masse de la même particule, quand elle est arrêtée ou au repos.

C'est-à-dire que lorsqu'une particule est en mouvement, une quantité supplémentaire de masse y apparaît. Et c'est pourquoi Albert Einstein a dit à Isaac Newton : « Pardonnez-moi Newton ». Car pour Newton, la masse m est la constante qui sert de médiateur entre la force et l'accélération du corps (f=m.a). Et c'est peut-être le cas, parce que le mouvement des gros corps est très lent, lorsqu'on le compare au mouvement des particules. Mais vraiment, que cette équation de Newton n'est pas remplie pour les particules, car il serait impossible de mesurer leur poids. Mais en plus, dans les grands corps cette masse, si elle apparaît, la même sera quand le corps est en mouvement. Mais ce sera une masse très minime, car en plus, elle disparaîtra lorsque le corps s'arrêtera. Parce qu'il serait impossible de faire bouger un gros corps à une vitesse proche de celle de la lumière.

Par relativité, la masse m est liée à l'idée de définir la masse réelle comme la valeur de la force entre l'accélération subie par un corps lorsqu'il est en mouvement. C'est-à-dire, pour Einstein $E/m=C^2$; c'est-à-dire, la masse est liée à l'énergie au moyen d'une constante (C^2), tandis que pour Newton la masse est l'unité constante. Mais ce qui est peut-être transcendantal dans ce fait, c'est que ce phénomène a été démontré expérimentalement. De telle sorte que cela a été définitivement clarifié, grâce aux grandes et audacieuses idées relativistes d'Albert Einstein, qui a prédit que l'énergie se transformerait en masse et que la masse se transformerait à son tour en énergie, lorsque cette masse se déplace à grande vitesse et vice versa. Mais à aucun moment Albert Einstein n'a fait référence au poids des corps.

Prenons un exemple pour imaginer quand l'énergie devient masse : dans une tasse de café, l'énergie est piégée dans la substance qui forme la masse de la tasse, mais elle est aussi piégée en formant la plante du caféier, d'où proviennent les grains de café, qui n'est rien de plus qu'une énergie également piégée. Ensuite, l'énergie était piégée dans les grains sous forme de caféine, de sorte que l'infusion ou la boisson de café contient également de l'eau, où l'énergie était piégée formant des atomes d'hydrogène, qui à leur tour étaient piégés avec des atomes d'oxygène, et ainsi de suite. Et de cette façon, l'énergie passa par une série d'étapes de transformation, jusqu'à ce qu'elle devienne différentes formes de masse, qui furent consolidées énergétiquement. Mais alors la masse s'est transformée en différentes formes de masse. Et la force de gravité peut agir sur les poids formant la masse, car s'il n'y a pas de gravité, bien sûr, il n'y aura pas de poids, mais le manque de gravité ne peut pas faire disparaître la masse des corps.

Et d'une manière générale, tout corps solide, quel qu'il soit, est réellement constitué de particules, dont l'énergie est condensée sous forme de masse, car la seule chose qui est produite dans l'Univers est l'énergie. Et lorsqu'une force énergétique est appliquée à une seule particule, pour la mettre en mouvement, si ce mouvement s'approche de la vitesse de la lumière, cette particule va créer une masse supplémentaire, mais qui est relative à sa masse inertielle. Et l'Univers est en mouvement grâce à ces forces énergétiques. Mais avec ce mouvement des particules dans l'Univers, apparaîtra une quantité de masse m, qui sera relative ou additionnelle à la masse restante m_0 de cette particule. De telle sorte que la masse réelle ne peut apparaître que lorsque la particule subit un mouvement, et qu'elle peut ensuite se dissiper vers d'autres formes d'énergie, lorsque la vitesse change vers des valeurs relativement supérieures ou inférieures.

Mais si sur cette masse relative formée apparaissent d'autres forces qui les freinent et les intègrent, alors la masse restera condensée. Et selon l'intensité de ces forces, des corps solides se formeront ou se désintégreront. Et de cette façon, un dynamisme incroyable est maintenu, qui force une activité énergétique et un mouvement pérenne de l'Univers, entre énergie et masse. Mais aussi tout ce qui existe dans l'Univers. Et pour que l'Univers existe, tout ce qui existe dans l'Univers doit nécessairement être en mouvement. Et rien ne peut être immobile.

Et tant qu'il continue d'apparaître, ou d'être créé à partir de cette énergie, la masse relativiste et vice versa, nous concluons que l'Univers ne va certainement pas cesser de croître. Cela ne devrait pas nous inquiéter non plus en tant qu'êtres humains, car cette grande activité dure depuis 13 800 millions d'années et rien ne l'arrête. Et ce temps est relatif à un instant de $1{,}45 \times 10^{-5}$ ans, si on le compare avec le temps qu'un être humain de 80 ans peut avoir vécu sur Terre. Nous aurions donc encore beaucoup à faire, parce que de nouvelles galaxies apparaîtront ; et avec elles, de nouvelles planètes.

Mais l'une des tâches les plus immédiates, et c'est ce que nous voulons accomplir avec ce livre, est de contribuer à changer la manière absurde d'agir de certains êtres humains. C'est-à-dire, sensibiliser son degré de conscience, pour qu'ils méritent d'habiter ces nouveaux espaces qui seront créés dans notre imparable Univers. De telle sorte que la chose primordiale serait de vivre avec un certain ordre dans ce grand chaos, parce que c'est vraiment ce qui doit configurer l'essence de l'être humain. C'est-à-dire, ce qui forme l'Univers comme matière et énergie sous forme d'esprit, ce qui équivaut à dire qu'il est formé par les almatrines avec la force énergétique indestructible qui intègre les urdires. Et cet ensemble énergétique est ce qui anime l'existence de tous les êtres vivants sans exception. Mais cette énergie appartient à tout le monde, et ne concerne pas exclusivement les êtres humains.

De telle sorte que l'Univers lui-même n'est rien de plus qu'un système physico-chimique, dont la croissance ne peut être ralentie, à moins que toute l'immense énergie produite ne soit solidifiée sous forme de masse, ce qui va être également impossible. Et seulement que nous serons capables de monter sur les corps créés, ou de trembler librement sur eux, parce que nous pouvons vraiment nous déplacer beaucoup plus vite que ces corps dans l'espace.

Mais si 50 % de l'énergie produite devenait une masse, cela devrait se produire dans 175 milliards d'années, c'est-à-dire lorsque E/m=1. Mais comme l'énergie est plus efficacement contenue sous forme de masse, la quantité d'énergie qui est devenue masse représente jusqu'à présent 4%. Mais peut-être, que cette quantité est vraiment un point d'équilibre entre l'énergie libre, et la plus grande quantité d'énergie qui a été stockée ou piégée sous forme de matière. Et peut-être que cette valeur de 50% ne peut pas être atteinte, parce qu'une nouvelle quantité d'énergie apparaîtra toujours, qui ne vient vraiment que du mouvement. Et avec cette force, le nouvel espace est aussi en train de se créer. Et pour pouvoir traverser cet espace nouveau et immense créé, la seule façon d'y parvenir est de voyager à une vitesse équivalente au cube de la vitesse de la lumière. Si c'est cela pour le moment, nous continuons à prendre cette valeur de la vitesse de la lumière comme référence ; parce que nous ne savons pas si une autre façon va apparaître pour faire référence à nos concepts, ignorant la physique actuelle.

Et c'est à partir de là que l'on commence à compter le phénomène du temps, ce qui n'est utile que pour se faire une idée du passé et du présent. Et il vaudrait mieux le visualiser comme un moment éternel, parce que ce qui s'est déjà produit ne peut pas se reproduire, au moins de la même manière, mais les événements continueront à apparaître constamment, à partir du moment où l'Univers n'était qu'une très petite bulle.

L'Univers est maintenant, mais il sera encore très grand pour nous en tant que corps physiques, mais peut-être petit si nous pouvons nous déplacer avec la vitesse à laquelle les almatrines se déplacent. Et la seule façon de traverser l'immensité de l'Univers, c'est que nous pouvons nous déplacer très rapidement. Parce que par exemple, si nous voulons atteindre le centre de notre Voie Lactée en tant qu'esprits faits d'almatrines, il nous faudrait environ 9 secondes pour faire ce voyage. Une distance qu'il faudrait de la lumière pour faire ce voyage, environ 25 000 ans. Et pour se faire une idée, d'ici 175 milliards d'années, l'Univers aura atteint une taille équivalente à 12 fois sa taille actuelle.

Quant à la lumière, le phénomène photonique a été proposé par Albert Einstein, qui a su prédire avec brio qu'en réalité la lumière ne voyage pas sous forme d'onde, mais sous forme de paquets de particules, qu'Einstein appelle photons. Dont le terme est dérivé du phénomène photoélectrique. Et la forme et la variété de ces fréquences, c'est ce qui nous incite à penser, que les urdires pourraient adopter des formes énergétiques différentes, raison pour laquelle au lieu de couleurs, comme dans les gluons peut-être nous pourrions appeler cela plutôt des tonalités. Car il s'avère que cette théorie pour expliquer le phénomène photoélectrique a également été démontrée expérimentalement, par le physicien américain Robert Andrews Millikan. Et sans entrer dans les détails, car ici nous ne nous intéressons qu'au phénomène physique, Einstein en déduit que l'énergie d'un seul photon est donnée par $E = h\upsilon$, où υ est la fréquence de la lumière incidente et h est la constante de Planck. Ou que $h\upsilon_0 = E_0$ au niveau fondamental ou là où l'énergie cinétique est minimale, c'est-à-dire qu'il n'y a pratiquement aucun mouvement ; et donc aussi la fréquence υ_0 est la fréquence minimale. Et en appliquant le concept à l'effet photoélectrique, Einstein a écrit que $h\upsilon=E_0+K_{max}$; K_{max} représente l'énergie cinétique maximale que l'électron peut avoir, et qui est suffisante pour libérer un autre électron au matériau photoélectrique. Et lorsque υ est inférieur à υ_0, les photons continueront à être individuels, peu importe combien ils sont, comme Millikan l'a prouvé. Cela signifie que l'intensité du rayonnement lumineux n'est pas importante, car les photons auront assez d'énergie pour expulser les photoélectrons. Mais c'est la force qui intègre le matériau qui ne lui permet pas de perdre ses électrons. Parce que cette quantité d'énergie E_0 est caractéristique de la substance, et est dite être une propriété appelée la fonction de travail de la substance.

De telle sorte que faire une similitude de la force énergétique entre les urdires et les almatrinos, cette énergie qui s'est formée, est aussi individuelle, et bien sûr il n'y a plus de force énergétique dans l'Univers, qui soit capable de briser la force intégrante des urdires avec les almatrinos, ou qui soit suffisante pour surmonter la fonction du travail des esprits pour les désintégrer.

D'autre part, l'équation d'Einstein nous a montré que toutes sortes de matières sont absolument réelles. Mais Einstein a supposé le contraire. Puisque si Einstein disait que l'énergie doit nécessairement être réelle, nous devons supposer, parce que la matière est en fait l'énergie qui s'est condensée, ou à partir de laquelle la masse s'est formée, naturellement, que nous pouvons raisonner, que toutes les formes de matière doivent être également réelles. Et tout ce qui existe dans l'Univers est réel. Et nous ne pouvons pas dire que l'Univers est un hologramme, ou que sa matière est en quelque sorte issue de l'antimatière.

Cependant, après le passage à ces particules, si après un certain temps, ces particules de matière élémentaire avec une charge électrique excessive, et donc négative, est atteint avec son contraire, c'est-à-dire avec une autre particule élémentaire identique mais a un déficit de charge, ou positif, que nous identifions comme antimatière, seulement comme une manière de les différencier. Mais quand ces deux particules se rencontrent, elles s'annihilent mutuellement. Et ce qui restera après cette collision est effectivement un rayonnement lumineux. C'est-à-dire, de la matière et de l'antimatière, l'énergie émergera à nouveau.

Mais ce qui est peut-être le plus intéressant, c'est que de cette même énergie lumineuse, peut émaner à nouveau la matière et l'antimatière, qui sont des événements qui ne pourront plus s'arrêter. Et si la matière a été formée par une force qui est capable de la maintenir ensemble, alors bien sûr l'énergie peut être piégée, jusqu'à ce que d'autres forces qui sont suffisantes pour la désintégrer à nouveau. Dans d'autres cas, les forces d'intégration peuvent être si faibles que la matière se désintégrera d'elle-même ou spontanément, ou par l'incidence d'un seul rayon de lumière visible, tel que le phénomène photoélectrique, la phosphorescence et la fluorescence. Et l'ensemble du phénomène s'inscrit dans le terme de luminescence. Et comme pour les êtres vivants, le processus est connu sous le nom de bioluminescence, lorsque la lumière est convertie en images, et de sonoluminescence, lorsque la lumière est convertie en son, par des molécules qui explosent et se forment à nouveau comme si elles étaient de petites bulles.

Mais entre autres observations, tous les antineutrinos (ou neutrinos à charge positive) observés jusqu'à présent, ont une chiralité dans le tour, comme l'a observé Kronig, et que la direction de ce tour, est de main droite. En d'autres termes, son sens de rotation est de gauche à droite. C'est comme imaginer un tourbillon de vent terrestre, dont le tourbillon de rotation est de gauche à droite. Tandis que les neutrinos électroniques (ou les neutrinos avec une charge négative excessive) sont gauchers. Ou qu'ils ont une hélice tournante qui s'enroule sur le côté opposé ; ou que leurs tourbillons tournants sont de droite à gauche. Et c'est une observation extrêmement importante pour comprendre la propriété ou le comportement de la matière ; et donc, le caractère de nous-mêmes comme corps et comme énergie.

Et encore une fois, cela nous force à supposer que la quantité de neutrinos électroniques, c'est-à-dire ces neutrinos avec excès de charge négative, est devenue plus abondante, par rapport à la quantité d'antineutrinos, parce que les forces qui provoquent la désintégration spontanée ont diminué de plus en plus, ou ne sont plus suffisantes pour promouvoir la formation de plus d'antineutrinos. Parce que le plus logique serait que la quantité de matière et d'antimatière soit restée invariable, dès le moment même où l'Univers a commencé à se former. C'est-à-dire que si les rayons de lumière s'étaient éteints dans la même direction, la quantité de neutrinos aurait été complètement annihilée avec une quantité égale d'antineutrinos. Ou comme il a été dit, les almatrinos doivent être des fermions mais pas des bosons. En d'autres termes, si tous les neutrinos avec antineutrinos avaient été anéantis, la matière n'existerait pas ; et notre Univers serait comme un désert inhospitalier et radioactif rempli seulement de lumière, ou il serait seulement énergie sans aucune sorte de matière. C'est-à-dire qu'il n'existerait pas une forme d'énergie piégée ou condensée par la force électronique des atomes au moyen de gluons. Et ce n'est qu'à cause de cette apparente anomalie cosmique que nous avons en fait plus de matière que d'antimatière aujourd'hui. Et cette différence de force énergétique, ou de charges, et d'annihilation, l'émergence de radiations, etc., est ce qui maintient l'Univers en mouvement constant, mais aussi, grâce à elle, est que nous pouvons dire que nous existons. Parce que si nous étions des bosons mais pas des fermions, alors les almatrines auraient fusionné en une seule. Mais il n'y aurait pas non plus d'étoiles, de galaxies, de planètes, de photons, de molécules, d'ADN, de trous noirs, etc. En d'autres termes, il n'existerait rien de lié à la matière.

LA MASSE RELATIVISTE D'EINSTEIN

Et de cette façon, le petit Univers s'est réveillé de sa léthargie ou de son immobilité. Et la quantité minimale de masse a été formée qui est restée à m_0. Et quand la valeur de l'énergie minimale E était égale à la valeur de la masse minimale, c'est-à-dire quand m_0/E dans l'équation $\upsilon = m_0 C^3/E$, elle est devenue égale à un, à ce moment précis la vitesse des almatrinos est devenue égale au cube de la vitesse de la lumière. $\upsilon = C^3$. Et l'énergie E est égale à m_0 ($E=m_0$). Et en même temps, cette vitesse a créé la masse m, à partir de l'énergie E ($E=m$), qui est devenue relative à la masse m_0. Et la masse a été convertie en énergie. Puis, ou immédiatement, les forces d'intégration ou d'agglutination ont été créées. Et une fois ce point atteint, dans cet espace minimal, les conditions nécessaires ont été données et réalisées, ce qui a perturbé ce petit système, qui jusque-là était immobile, et de là le début de la formation de l'Univers a été donné, il y a environ 13.800 millions d'années.

Et comme Wolfgang Ernst Pauli l'a fait lorsqu'il a proposé les neutrinos, nous avons osé appeler les particules qui ont motivé la gestation de l'Univers, les particules vraiment élémentaires parmi les plus élémentaires. C'est-à-dire, les almatrines. Et de ces derniers, ou en raison de cette accélération des almatrinos à partir d'une valeur de vitesse zéro, l'énergie E est devenue infinie ; et cette énergie énorme a surgi, par rapport à cette petite bulle, a été ce qui a créé le mouvement, et la masse d'Albert Einstein a été formé. et encore c'était la même énergie qui a formé les autres particules, comme les neutrinos. Puis suivirent les forces qui unissent ou agglutinent, c'est-à-dire les urdires, les photons, les bosons, les bosons, les fermions et les gluons ; et avec eux, les hadrons ; et avec les hadrons, les quarks, et avec la force intégrante des photons, les électrons qui forment la famille des léptons, et entre ces derniers et les léptons, se forma ce que nous pouvons voir dans l'Univers. Et avec les almatrinos et les urdires, des tonalités infinies ou différentes sortes d'énergie consciente, et parmi eux les esprits. Et tout ce qui existe et ce que nous voyons, mais aussi ce que nous ne voyons pas.

Et ils seraient libres, seulement les autres almatrines qui n'ont pas réussi à s'intégrer, parce que l'énergie nécessaire pour les unir a disparu. Mais les almatrines continueront d'être les plus petites particules qui existent, et celles qui peuvent être formées seront en plus grande proportion, ou s'accumuleront pour faire partie, peut-être de la matière et de l'énergie sombre qui remplit tout l'espace qui est allé, et se forme. Ou ce qui constitue maintenant l'Univers tout entier. Et nous pouvons dire comme pour l'Univers, que l'onde expansive s'éloigne continuellement vers la périphérie d'une énorme sphère, dont le rayon est de plus en plus grand.

Mais Albert Einstein avait raison lorsqu'il a établi que si une particule se déplace à une vitesse, au moins proche de celle de la lumière, cette particule va créer une quantité de masse relative, à partir de sa masse inertielle ou au repos. Parce que la relation entre l'énergie et le carré de la vitesse de la lumière est précisément la masse ($E/C^2=m$). D'après ce qu'Albert Einstein a prédit correctement.

Ainsi, la très grande vitesse des almatrines ($UE/C^3=m$) supérieure à la vitesse de la lumière, a fait apparaître la masse m, qui serait une masse inférieure à celle d'Einstein, car au lieu de C^2 trouvé dans l'équation d'Einstein, dans la nouvelle équation déduite, apparaît au dénominateur la vitesse de la lumière C, élevée au cube (C^3). Mais bien que cette masse soit plus petite que la masse d'Einstein, elle implique aussi la vitesse de la particule U, mais aussi, cette nouvelle masse, bien que très petite, a un signe positif, donc comme l'énergie, cette masse est réelle, mais ne peut jamais être imaginaire. Et c'est vraiment plus logique qu'Albert Einstein n'a grandi à l'origine.

Et cette masse minimale, est redevenue différentes formes d'énergie, y compris l'énergie qui a été produite sous forme de chaleur, et a donc commencé à chauffer l'Univers. Seulement que l'espace initial était très petit, si relativement petit, que les interactions étaient très intenses, alors que l'Univers atteignait encore la taille d'un globe en mouvement. Et encore une fois l'énergie est devenue une masse, jusqu'à ce que tout cela provoque la formation d'un système violent et instable, qui s'auto-alimente comme un boomerang et en même temps se forme et se désintègre par lui-même par un processus qui ne peut plus être arrêté. Car c'est lui-même qui forme la masse et l'énergie qui maintient le système énergisé de façon pérenne et autonome. Et nous savons déjà que s'il n'y a pas de mouvement entre les particules, bien sûr, il n'y aura pas non plus de génération de charges électroniques ; et ce serait la seule façon de maintenir le système inactif. De telle sorte que le processus doit nécessairement être motivé ou activé par un mouvement constant. Et il sera extrêmement difficile pour l'Univers de se fermer.

Mais la seule façon d'apaiser l'intensité de ces magnifiques événements est d'utiliser l'énorme quantité d'énergie générée pour se solidifier ou se condenser en masse, et de cette façon l'énergie peut être maintenue confinée ou unie par les forces énergétiques formées par les bosons, gluons, hadrons, quarks, leptons, urdires, photons, etc.

Et puis surgirent les forces électromagnétiques qui maintiennent les atomes ensemble ; ainsi que l'électron tournant autour d'un noyau, de là les molécules, et avec elles, l'énergie sous forme de matière qui devient visible et malléable pour les transformer en d'autres formes également infinies de substances. Mais ce n'est qu'une combinaison de masse et de masse, et pour que l'une se forme, une autre doit se désintégrer, et dans cet échange, un seul transfert d'énergie intervient, mais pas nécessairement de masse. Et ces nouvelles masses ne sont rien d'autre, elles sont la même énergie qui émanait, mais qui se solidifie maintenant.

De cet échange ou de cette interaction naîtra aussi de l'ADN, de ces cellules et de ces corps, qui servent d'enceintes occupées par l'énergie consolidée sous forme de conscience et d'esprit. Bien qu'il serait très difficile de savoir si les autres types d'énergie qui forment les corps vivants, ne sont pas conscients d'eux-mêmes, parce que j'ai personnellement réussi à « parler » avec une hirondelle et un colibri. Ou qui n'a pas été capable de communiquer avec son chien ou son chat, par exemple ?

Mais nous espérons que la planète ne sera pas détruite avant que d'autres esprits brillants de l'homme puissent faire ce grand saut pour détecter les almatrinos. Et il semble que le temps ne lui suffira pas, parce que d'autres esprits, sous-humains ou humanoïdes, vivent accrochés à l'ambition de vouloir détruire et dominer les autres sur la planète, (droits contre les gauchers) et de percer la Terre pour la détruire et extraire son propre corps, arguant qu'ils sont des ressources qui leur appartiennent seulement, comme si la Terre ne correspond à un groupe par un décret ou une signalisation privilégiée et divine.

L'égoïsme a pris le dessus sur certains esprits humains, qui ne donnent de la valeur qu'à ce qui fait partie du matériel, pour essayer de le transformer en argent de quelque façon que ce soit. Et ils veulent même acheter la capacité d'analyse des autres ; tant que ces personnes arriérées, avec leur argent, peuvent profiter économiquement de ce que les autres ont créé, ou qui a une valeur qui peut être transformée en argent.

En ce sens, vivre dans un tel monde physique serait en fait un acte absurde. Et quand chacun prend conscience de son origine, ou comme almatrines intégrées par la force énergétique indestructible des urdires, et avec la pensée, ce n'est qu'ainsi que l'humanité et la nouvelle humanité pourront changer. Et ceux qui, par une coutume ou une puissance économique, insistent pour en plier d'autres sans raison, mais avec l'intention claire de l'économique, devront être amenés sur ces planètes primitives ou moins évoluées, de sorte que, de là, la matière et l'antimatière s'annihilant mutuellement, une énergie transfigurée puisse en sortir, plus utile ou qui ne persistent pas à endommager la coexistence harmonieuse du grand Univers. Et d'une manière générale, ne pas violer le droit de vivre que tous les autres êtres qui existent ont, et ceux qui occuperont dans leur moment, la Terre comme leur demeure ou leur maison seulement temporairement.

Toutes les formes de vie énergétique et physique sont faites par les almatrines et l'énergie des urdires, donc absolument tout le monde a le même droit de former des corps physiques sur Terre, avec leur grande variété de formes et leurs différents processus et buts biologiques. Mais malheureusement, cette catastrophe énergétique s'est produite, même si d'autres êtres sont arrivés des millions d'années avant nous, qui viennent d'arriver il y a 200 000 ans ; mais en moins de 200 ans, nous avons détruit tout ce que la Nature a mis 200 millions d'années à construire. Et comme nous l'avons dit, il ne nous reste que 2 minutes par rapport au temps de l'Univers, pour éviter la destruction complète de la planète Terre.

Et l'humanité inhumaine, devra changer définitivement vers un meilleur comportement, quand en tant que société, elle comprendra que toute cette ambition politique est absurde, ce qui conduit même aux guerres entre frères, simplement pour vouloir gérer les ressources économiques qui appartiennent seulement à la Terre. Parce que la connaissance mal orientée, ou de cette façon, n'est pas utilisée comme une opportunité pour guider ceux qui sont confus comme de vrais bergers. Et ce comportement irrationnel n'existe que sur Terre.

Mais finalement, nous comprenons que cela n'est fait que par les individus qui sont dans ce processus, ou qui représentent 35% de ceux qui ne méritent pas encore le titre d'êtres humains, mais des humanoïdes, parce qu'ils agissent seulement par instinct, et parfois pire, qu'ils ne sont eux-mêmes des animaux.

5

PARDONNE-MOI, EINSTEIN

L'équation d'Einstein peut s'écrire $E=(m-m_0)C^2=\Delta m C^2$ où m est la masse que la particule acquiert, seulement pendant son mouvement à la vitesse de la lumière C ; et, m_0 est la masse de la particule quand elle est immobile ; ou sans mouvement.

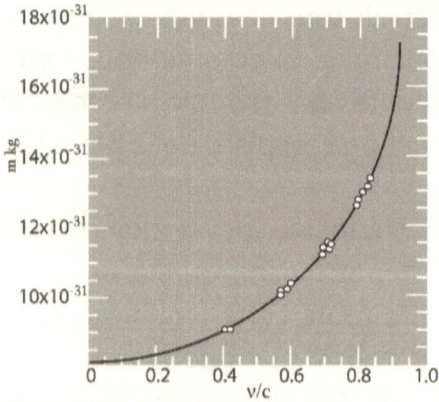

Un graphique montrant la croissance de la masse d'un électron, à mesure que sa vitesse augmente.
Figure 1

Mais peut-être, comme nous l'avons dit, la chose la plus significative ou transcendante de cette brillante déduction, qui a surgi de l'esprit d'Albert Einstein, est que cette équation pourrait être testée expérimentalement, pour ces particules dont les dimensions sont sur une échelle subatomique.

Et ce que nous avons fait, c'est d'étendre le raisonnement d'Albert Einstein aux particules les plus minuscules qui existent, afin d'imaginer comment la masse m est née de la masse m0 restante, quand l'Univers n'existait pas encore. Et de là naquit la masse que nous pouvons voir, parce que ce qui n'a pas été condensé sera difficile à détecter, ou impossible à voir avec des yeux physiques ou de cette perspective tridimensionnelle.

Et comme le montre la figure 1, Bucherer et Neumann ont pu prouver en 1914 comment la masse d'un électron augmente lorsque sa vitesse augmente par rapport à un observateur. Et c'était sans aucun doute un événement qui a révolutionné la physique, car avec cette expérience, il a été possible de prouver que la masse provenait du mouvement de la même particule. Ainsi, la loi de la relativité et la masse d'Albert Einstein furent établies sans équivoque et définitivement. La ligne courbe est un graphique de la racine carrée de la masse d'Einstein m : $m = m_0 \sqrt{1 - v^2/c^2}$. (racine carrée $\sqrt{}$) Et les cercles de valeurs expérimentales ont été adaptés des données de Bucherer et Neumann.

Mais peut-être, ce qu'Einstein n'a pas pu voir, c'est qu'en réalité, la courbe tend vers la valeur infinie, quand la vitesse U/C de la particule tend vers la vitesse C, c'est-à-dire quand U/C tend vers la valeur 1 ($U/C \rightarrow 1$) comme on le voit sur la figure 1. Et de là, nous disons : Pardonnez-moi Einstein, parce qu'en réalité, et vraiment, il y a des particules qui peuvent se déplacer plus vite que la lumière ; ou $U/C > 1$. Ce qui est significatif, car lorsque la vitesse des particules est plus grande, la masse acquise sera également plus grande, ou $UE/C^3=m_0$. Et puisque C^3 est une constante, on peut l'appeler $\psi=C^3$, ce qui signifie que $m_0=UE/\psi$, de telle sorte que la masse m apparaisse par une proportionnalité de la vitesse U de la particule, avec son énergie E. Et ceci, on peut dire, en hommage à Albert Einstein, qui est la masse m de Einstein. Mais qu'alors la masse m d'Einstein resterait agglutinée, alors que d'autres énergies avec une force d'intégration suffisante agissent sur elle.

Et d'une manière générale, il a été prouvé que pour tous les types d'énergie, contrairement à l'énergie potentielle ou au repos, ces énergies n'apparaissent que par l'action d'un mouvement. Par exemple, le travail ω, est le résultat de l'application d'une force sur un corps pour déplacer une distance d. $\omega=F.d$. De telle manière que l'énergie sous forme de travail ω, apparaîtra seulement lorsque la force F est appliquée sur le corps. Ou peut-être l'autre exemple est quand nous comprimons un ressort et lui donnons une énergie élastique potentielle U, alors la masse du ressort, augmentera de m_0 à m_0+U/C^2, ou quand nous ajoutons une quantité de chaleur Q à tout objet ou système, la masse augmentera en une quantité Δm ; étant $\Delta m=Q/C^2$.

Nous arrivons ainsi au principe d'équivalence entre la masse et l'énergie, qui établit que : pour chaque unité d'énergie E de toute nature, fournie à un objet matériel, la masse de l'objet augmente d'une quantité donnée par $\Delta m=E/C^2$. Et voici la célèbre équation d'Albert Einstein, c'est-à-dire l'équation $E=\Delta mC^2$ qui a révolutionné, et dans une large mesure clarifié, une bonne partie des grandes énigmes de l'Univers. Mais nous continuons avec ce processus, de la façon dont ils ont été formés, ou d'où l'Univers et les esprits sont réellement nés.

Et de cette façon, toute la masse de repos ou m_0 de l'Univers pourrait être créée. Parce que lorsque $\mho/C^3$, ou $\mho/\psi$ a été rendu égal à 1 (un), l'énergie E de l'almatrino est devenue égale à la masse au repos m_0, ($E=m_0$) de sorte que l'énergie est aussi appelée énergie au repos E_0. $E_0=m_0$.

Et Albert Einstein a écrit :

« La physique avant la théorie relativiste, contient deux lois de conservation, qui ont une grande importance : à savoir, la loi de conservation de l'énergie, et la loi de conservation de la masse. Et ces deux lois y figurent, en complément l'une de l'autre. Mais avec la théorie de la relativité, les deux lois fusionnent en un seul principe ».

Bien sûr, Einstein fait ici référence au fait qu'en physique classique, la masse est une constante lorsqu'un corps est accéléré, c'est-à-dire la masse de Newton, alors que dans la théorie de la relativité, la masse est relative à la vitesse de la lumière et à la masse réelle du repos.

Ainsi, nous avons atteint le point où un seul mot serait nécessaire, mais qui serait capable d'exprimer avec un maximum d'émotion et d'exaltation tout ce qui peut être dit et ressenti ; mais ceci est limité à nous par la manière dont chacun peut l'écrire pour l'exprimer. Mais c'est ainsi qu'en plus de l'émergence de l'Univers à partir des almatrines et des urdires, et de l'énergie consciente elle-même, c'est-à-dire des esprits, les grandes données se sont également formées, pour la sauvegarde de l'information la plus immense de succession génétique qui puisse exister dans tout l'Univers visible. Car ces unités séquentielles forment les configurations déterminées, définies, caractérisées et infinies, de sorte que de ces données cryptées ou des tonalités yotta formées par les almatrinos avec leurs urdires, forment les 1×10^{24} unités de conscience. Mais de cette condensation d'énergie, l'ADN s'est formé. Mais beaucoup croient que le premier ARN était comme un ribozyme, c'est-à-dire, un ARN qui peut se répliquer par lui-même, et de là sont nées les configurations infinies de cellules, qui à leur tour, étaient organisées pour former chaque être vivant : Disons encore une fois, d'un être unicellulaire ici, et un autre là, un autre microscopique, une plante, et où la moitié de l'information sera gravée par une seule graine, ou une salamandre spectaculaire, car en elle son esprit sous forme d'énergie formée par les almatrines, arrive même à se reproduire comme un ribozyme, ou à régénérer ses membres amputés. Ou le poisson prudent des profondeurs de l'océan, qui semble très prudent depuis sa grotte qui lui sert de refuge, parce qu'il y a beaucoup de prédateurs à l'affût... C'est un monde merveilleux. Et ce pouvoir de création est parvenu à un être humain, qui n'émerge que lorsque les almatrines et les urdires prennent comme résidence la masse qui est devenue un corps.

Et le point de départ d'un nouveau départ dépendra de l'ordre dans lequel ces informations ont été stockées dans la mémoire de l'esprit par les almatrinos. Mais chaque fois qu'il y a une nouvelle opportunité, il y aura une mise à jour dans ces configurations et possibilités infinies, qui n'offre que les données accumulées sous forme quantique.

Mais le fait que l'énergie et la matière aient été conservées à ces niveaux moléculaires, comme l'a observé Antoine Laurent Lavoisier, en tant qu'œuvre de raisonnement scientifique, est quelque chose qui n'entre pas dans le raisonnement analytique d'Albert Einstein. Dans la mesure où, pour Einstein, la matière et l'énergie n'étaient conservées qu'au niveau des atomes et des molécules. Donc Einstein avait beaucoup de doutes, qu'il en serait de même pour ces particules subatomiques. De telle sorte qu'Einstein imaginerait que lorsqu'il essayait de projeter sur l'écran de son esprit le mouvement des particules à un niveau subatomique, dans ce cas, la masse est vraiment devenue énergie et l'énergie est redevenue masse, ce qui est différent du cas de Lavoisier, lorsque la masse se transforme en une autre forme de masse et l'énergie en une autre énergie. Car dans le cas de Lavoisier, la masse n'est pas en mouvement. Et au moment présent ou à cause de sa grande vitesse, la masse des particules doit nécessairement devenir ce qu'elle était, c'est-à-dire de l'énergie.

Mais il s'avère aussi qu'Albert Einstein n'a réussi à relier ces mouvements qu'à la vitesse de la lumière, car cet effet lumineux est la trace laissée par ce qu'Einstein appelle les paquets énergétiques ou photons, et c'est la seule chose qui peut être considérée comme une explosion. Mais en outre, c'est le maximum qui peut être mesuré de manière tout aussi relative. Espérons maintenant que ψ est une constante de vitesse absolue pour une particule élémentaire.

Car absolument, que la vitesse d'une particule υ, est équivalente à la vitesse de la lumière élevée au cube. C'est-à-dire C^3, ou 300 000 km/sec élevés au cube. Ou la vitesse absolue d'une particule $\psi = 27.000.000.000.000.000$ km/sec Et c'est une valeur d'une constante de vitesse, vraiment énorme pour l'imagination du mental humain.

Et c'est certainement ainsi, qu'en effet, avec cette définition de la masse d'Albert Einstein, il a été possible d'analyser le comportement cinétique de ces particules au niveau nucléaire. Et en fait, cela a changé à jamais le concept enraciné dans la pensée scientifique concernant le mouvement des particules, parce qu'il a pu être prouvé expérimentalement qu'en réalité, la masse est créée à partir de l'énergie. Et pour cela, il faut que la particule ne soit qu'en mouvement. Parce que si la particule est immobile, il n'y aura aucun changement.

Et de la même façon l'Univers s'est formé, quand le petit espace a commencé à être perturbé. Et à ce moment-là, les almatrinos ont réussi à accélérer jusqu'à ce qu'ils parviennent à se déplacer à une vitesse de 27 000 000 000 000 000 kilomètres par seconde. Et ils ont créé toute l'énergie existante dans l'Univers, comme le seul résultat de cet immense mouvement de quelques très petites particules ; sans charge et sans masse, parce que seul le mouvement était nécessaire pour créer une énergie minimale qui serait ensuite transformée en une quantité minimale de masse. Et il n'y aura de croissance de l'espace que s'il y a du mouvement.

VITESSE DES ALMATRINOS

Et l'un des événements les plus sensationnels pour la science s'est produit, parce que l'idée d'Albert Einstein a été démontrée. C'est-à-dire, lorsqu'une particule subatomique se déplace à une vitesse comparable à celle de la lumière, cette particule acquiert la masse par elle-même. Mais il faut vraiment qu'il en soit ainsi, car comme on l'a dit, la masse en mouvement acquiert de l'énergie et cette énergie va se transformer en masse. Mais le problème expérimental serait qu'à l'époque les accélérateurs de particules étaient, pour ainsi dire, très rudimentaires, et avec les données obtenues, il n'était possible d'extrapoler mathématiquement le caractère progressif du phénomène. Ou parce que la force d'accélération obtenue n'était pas suffisante pour atteindre au moins la vitesse de la lumière. Mais en plus, si on les compare, les particules utilisées pour l'expérience, elles étaient beaucoup plus grosses que les almatrines. Bien que les détecteurs les plus modernes, aussi sensibles soient-ils, ne pourront pas non plus enregistrer ces particules, car les almatrinos les traverseront sans laisser de trace.

De telle sorte que nous ne pouvions pas prétendre observer le phénomène d'une manière plus claire et plus étendue, afin d'aller au-delà de $U/C>1$; c'est-à-dire, quand U est supérieur à C, ou C est inférieur à U, car il était impossible d'utiliser une particule qui pouvait se déplacer, au moins à une vitesse plus rapide que la lumière ; c'est-à-dire, C. Mais il était encore moins pensable, pour pouvoir imaginer la vitesse d'un almatrino, et on ne suspectait pas l'almatrino. Ainsi Albert Einstein, ne pouvait pas, ou ne voulait pas voir au-delà de l'extrapolation, et ne se limitait qu'à analyser le phénomène, quand $U/C<1$, parce qu'il a conclu que rien ne pouvait voyager à une vitesse supérieure à la lumière. Si tel était le cas, une masse m qui pourrait être déplacée de la même façon que C serait convertie instantanément en énergie. Ou peut-être, parce que la lumière est la seule chose que l'on peut observer avec l'œil physique, mais d'une manière relative. Et il semble que personne ne voulait ou ne veut voir quand $U/C>1$ parce que cela viole la théorie de la relativité d'Albert Einstein.

Mais il est bon de mentionner que la capacité d'accélération de ces dispositifs dépend du rayon, c'est-à-dire du diamètre de leur conception physique. Et la vitesse des particules ne dépend pas de la fréquence de l'énergie, mais les particules les plus rapides se déplacent en cercles plus grands, et les plus lentes en cercles plus petits. Par exemple, l'accélérateur sous les montagnes genevoises a une longueur circonférentielle de 27 kilomètres. Cependant, l'espoir que vous puissiez atteindre des vitesses supérieures à celles de la lumière, ne s'estompe pas en moi, car les scientifiques chinois vont commencer en 2030 la construction du CEPC (Circular Electron Positron Collider), un accélérateur de particules qui aura une circonférence de 100 kilomètres sur son chemin. Et j'espère que ce concept d'almatrinos pourra atteindre les mains d'un scientifique chinois, de sorte qu'au moins essayer d'exécuter dans ce nouvel accélérateur, les collisions de particules, à des vitesses plus élevées que celles qui ont été atteintes jusqu'ici dans l'accélérateur de Genève. Ou pour rechercher ces particules, qui sont les plus petites qui existent.

Et l'équation $U = m_0 C^3 / E$, est la chose la plus simple qui aurait pu être déduite, pour expliquer un phénomène extrêmement complexe. Mais cette équation apparemment simple explique comment l'Univers s'est formé, puis les esprits. Mais il a été déduit d'une autre équation très simple qu'Albert Einstein a déduit ; c'est-à-dire, $E = mC^2$. Et la formation de l'Univers, et tout ce qui existe en lui, a sans doute un sens et une trajectoire logique et simple. Et peut-être la complexité du problème, nous l'avons mis au moment de la recherche et de la mise en ordre de ces explications, comme le phénomène de la possibilité de voyager relativement vers des événements futurs. Nous disons relativement, parce que ces voyages sont relatifs à une personne, ou pour ces particules qui se déplacent à une vitesse plus lente que la lumière.

Et tout ce que nous avons à faire, c'est de chercher des explications, ou de savoir comment l'énergie devient matière, et ensuite comment la matière devient progressivement d'autres types de matière, et l'énergie devient énergie. Mais c'est toujours la même matière venant de la même énergie, qui est la seule chose qui est créée par cette activité imparable de l'Univers. Parce que l'équation qui a formé l'Univers sera exprimée d'une manière très simple, comme :

$$\mho = m_0 \psi / E$$

Bien sûr ψ, est une constante de proportionnalité, et les almatrinos n'ont pas de masse, mais on ne peut pas non plus dire que c'est zéro, car si on considère que m_0 est zéro, on ferait disparaître le phénomène mathématiquement. De telle sorte qu'il faut dire que la masse tend vers la valeur zéro, mais elle ne peut pas être exactement zéro, et nous pouvons considérer m0 dans une autre constante que nous appellerons $\Omega = m_0 \psi$. Ou que la valeur de cette masse est la plus petite qui puisse exister. De telle sorte que $E = \Omega / \mho$.

Alors : $E = \Omega / \mho$. Et l'énergie E n'existait pas non plus, quand l'Univers n'était pas encore formé. Parce que l'énergie E, n'est apparue que lorsqu'une perturbation s'est produite, c'est-à-dire lorsque le mouvement a eu lieu. Et quand la particule a commencé à accélérer, jusqu'à ce qu'elle atteigne la valeur de C, $\mho$ était petite, et E est devenu très grand ou avait tendance à avoir une valeur infinie ($E \to \infty$). C'est ainsi qu'a été formée la grande énergie qui a réussi à sortir le futur Grand Univers de son immobilité. Et chaque fois que l'énergie E, sous forme de chaleur Q, apparaîtra, il y aura à nouveau une perturbation, et ce qui a ainsi commencé ne pourra plus être arrêté.

Et ce centre ou centre mort à partir duquel l'Univers a été formé, doit encore exister d'une manière réelle, mais pas d'une manière imaginaire. Et il doit en être ainsi efficacement, car le point à partir duquel l'Univers s'est formé, il est impossible qu'il disparaisse.

C'est-à-dire que la vitesse « U » de l'almatrino serait inversement proportionnelle à la quantité d'énergie E (énergie de l'almatrino résultant du mouvement) et la constante de proportionnalité serait la masse de l'almatrino (m_a), en mouvement. Parce que lorsque la particule est très petite comme dans le cas d'un almatrino, et dans ce cas plus petite que la masse d'un neutrino, la vitesse avec laquelle elle se déplace sera plus grande, lorsque l'énergie de l'almatrino au repos est moindre, soit $\mathrm{U} = m_a \psi / E$.

Et c'est ainsi qu'un almatrino, étant la particule la plus élémentaire, lorsqu'il émanait un « quanta » d'énergie, réussissait à se déplacer dans ce petit espace, et parvenait à accélérer à nouveau la production de cette énorme énergie. Énorme, relativement ou par rapport à ce petit espace. Parce que si l'énergie était très faible, et les almatrinos n'avaient pas de masse, nous pouvons assurer qu'au début, ou dans ce lieu, rien n'existait comme masse ; et de cette faible vitesse, une grande énergie s'est formée, que pour ce petit espace était très intense, et donc une forme de chaleur était produite dans ce petit espace, qui a réussi à réveiller violemment le grand Univers.

Et pour un almatrino, la masse gagnée, ou m, sera toujours inférieure à la masse d'un neutrino. Étant le neutrino, l'une des plus petites particules que la science connaisse jusqu'à présent. Parce que la masse d'un neutrino a été détectée avec d'énormes difficultés, pour cette raison, il est correct de penser que la masse des almatrinos, ne pourra être détectée par aucun moyen physique qui puisse être conçu dans l'esprit humain.

Et les almatrines étaient intégrées par la force énergétique des urdires. Pour cela, nous pouvons plutôt en déduire que lorsque l'ensemble des almatrino avec leurs urdires, parviennent à diminuer à volonté leur vitesse, ils deviennent assez lents, et parviennent à se montrer comme de véritables entités énergiques. Et nous pourrons les voir de notre perspective tridimensionnelle. Mais au lieu d'esprits, nous les cataloguons comme des fantômes. Mais même ainsi, la masse au repos, ou m0 des esprits, sera en effet trop petite ; ou nulle pour être dite. Pour cette raison, l'esprit peut franchir n'importe quel obstacle sans être arrêté. Ils peuvent même passer à travers les espaces entre les noyaux des atomes de la matière ordinaire, comme Ernest Rutherford l'a observé dans son expérience.

Et c'est ce qui fait que les esprits formés entre les almatrines et l'énergie sous forme d'urdires, comme la force qui agit de manière intégrative, ne peuvent être vus par l'œil nu ou détectés. Ou les photographier. A moins qu'ils ne soient contraints à volonté, et avec lui ralentir leur vitesse de mouvement pour devenir visibles devant l'objectif d'une caméra. Mais ces appareils électroniques n'ont pas encore réussi à atteindre la résolution de l'œil humain, de sorte que les esprits peuvent être détectés comme des apparitions énergétiques, car les lentilles des caméras sont percées par les almatrines. Ou l'autre façon de se manifester, bien qu'ils restent invisibles, est que les esprits incarnés occupent un corps, prenant une infinité de formes, comme tout être terrestre vivant.

Et c'est alors, ou à la fin de ce processus d'être dans un corps, que les esprits peuvent se montrer devant nous comme des fantômes ou des apparitions, car ils ont énergétiquement copié la figure de leur dernière forme physique. Ou comme s'il s'agissait d'hologrammes énergétiques de haute définition, car la force d'intégration des urdires est très intense.

Mais ce processus est aussi relatif, parce que nous ne savons pas si pour eux, c'est-à-dire pour ceux que nous appelons fantômes, les vrais fantômes sont nous. Parce qu'après avoir compris ce processus, il deviendra vraiment un événement normal pour nous, et nous ne savons pas si le jour viendra où le processus de passage d'un état à un autre se fera de manière normale ou quotidienne. Le problème est que les cellules ne peuvent pas rester longtemps sans respirer.

7

ÉQUATION QUI A FORMÉ L'UNIVERS

Mais maintenant, nous allons prouver mathématiquement que les almatrinos peuvent se déplacer à une vitesse équivalente au cube de la vitesse de la lumière, c'est-à-dire $2,7 \times 10^{16}$ kilomètres par seconde (C^3). Et ceci, peut-être que les physiciens les plus connotés ne pourront pas comprendre, mais ceux d'entre nous qui savent que nous pouvons, à l'état astral, nous déplacer instantanément d'un endroit à un autre. Ou pratiquement sans s'en rendre compte. Ou que nous pouvons passer à travers n'importe quelle surface sans qu'aucune force ne s'y oppose. La lumière des photons, par exemple, est interceptée par une porte de fer, ou même une feuille de papier, et à la lumière des esprits faite par les almatrines ces surfaces ne semblent pas exister, car rien ne nous arrête dans notre trajectoire d'esprits.

Et comme nous l'avons dit, Albert Einstein a déduit que lorsqu'une particule se déplace à la vitesse de la lumière, sa masse doit effectivement être transformée en énergie, ou que si cette particule ralentit, la même énergie doit être convertie en masse, et c'est vraiment ce que nous avons déjà démontré. Ainsi, écrit Einstein, la masse créée ou gagnée par la particule en mouvement serait donnée par l'équation (E-1). C'est à dire :

$$m = \frac{m_0}{\sqrt{1-V^2/C^2}}$$

Mais si nous appliquons ce concept aux almatrinos, parce qu'en fin de compte nous les analysons comme des particules, ou plus spécifiquement comme des points, si nous appelons $V=R^2$ et $K=C^2$ et les remplaçons dans l'équation d'Einstein nous avons ce qui reste :

$$m = \frac{m_0}{\sqrt{1-R/K}}$$

Mais nous avons donné comme un fait, qu'en réalité almatrinos peut voyager à une vitesse plus rapide que la lumière, donc :

Si $K<R$ implique que $R/K>1$ de cette façon :

$$m = \frac{m_0}{\sqrt{-R/K}}$$

La valeur R/K de la racine est un terme négatif, nous devons donc multiplier par (-1) et recourir au nombre complexe i :

$$m = \frac{m_0}{\sqrt{-R/K(-1)}}$$

Mais $K = C^2$ et $R = V^2$, aussi $\sqrt{(-1)} = i$ (le nombre complexe)

$$m = \frac{m_0}{\sqrt{R/K}\sqrt{(-1)}}$$

$$\frac{m_0}{\sqrt{R/C^2} \cdot i} = \frac{m_0 C}{\sqrt{V^2} \cdot i} = \frac{m_0 C}{V \cdot i}$$

Substituer cette valeur de m dans l'équation d'Einstein :

$$E = \frac{m_0 C \, C^2}{V \cdot i} = \frac{m_0 C^3}{V \cdot i} \Longrightarrow V \cdot i = \frac{m_0 C^3}{E}$$

Pour éliminer le nombre imaginaire, on va multiplier par i, des deux côtés de l'égalité :

$$V \cdot i \cdot i = \frac{m_0 C^3}{E} \cdot i \Longrightarrow V \cdot i^2 = \frac{m_0 C^3}{E} \cdot i$$

$$-V = \frac{m_0 C^3}{E}(-1) \Longrightarrow V = \frac{m_0 C^3}{E}$$

To eliminate the imaginary number, we will multiply by i, on both sides of the equality:

$$\left|-V\right|^2 = \left|\frac{m_0 C^3}{E} \cdot i\right|^2 \implies -V^2 = \frac{m_0^2 C^6}{E^2} \cdot i^2$$

Une fois de plus $i^2 = -1$

$$-V^2 = \frac{m_0^2 C^6}{E^2}(-1) \implies V^2 = \frac{m_0^2 C^6}{E^2}$$

$$V = \sqrt{\frac{m_0^2 C^6}{E^2}} = \frac{m_0 C^3}{E}$$

De telle sorte que la racine carrée de v, ou la vitesse de l'almatrino est :

$$V = \frac{m_0 C^3}{E}$$

(E-2)

Cette équation représenterait, par définition et déduction, la vitesse d'un almatrino, ou ce qu'on appelle un tachyon. Mais comme nous l'avons dit, la vitesse est variable. Mais en outre, cette vitesse n'est pas vraiment inhérente en soi, comme par exemple la vitesse d'un photon. Ce qui signifie que le mouvement est propre ou caractéristique de l'almatrino. C'est pourquoi nous préférons l'appeler $\mho$, pour essayer de mieux définir, au lieu d'un paramètre de vitesse, la vitesse maximale à laquelle un almatrino peut se déplacer.

De sorte que la masse ma est vraiment la masse de l'almatrino quand il est arrêté et Ea est comme dire l'énergie potentielle contenue dans l'almatrino quand il est immobile ; ainsi :

$$\mathrm{U} = \frac{m_0 C^3}{E}$$

(E-3)

Et l'équation (E-3) est la plus importante qui a été déduite, car elle explique comment l'Univers s'est formé. Mais cela nous aidera aussi à clarifier un grand nombre d'autres questions. Par exemple, ceux que j'ai pu observer quand j'étais enfant. Parce qu'avec cette équation, je peux maintenant expliquer pourquoi je pouvais voir des fantômes ; ou pourquoi je pouvais sortir du corps ; ou pourquoi je pouvais franchir des portes, et quand je sortais du corps, je pouvais sortir de la pièce et observer le monde extérieur. Mais pas comme un rêve, mais d'une manière réelle. Ou pourquoi j'ai pu voir les événements futurs. En plus d'autres préoccupations. Mais nous ne pouvons pas en tenir compte ici, parce qu'ils ont une forte implication dans le domaine religieux. Bien que tout cela, et les autres conclusions resteront libres, de sorte que d'autres les analyseront.

Et avec la déduction de l'équation $U = m_a C^3 / E_a$ ce que nous sommes en train de conclure, qu'au début, en réalité l'Univers n'avait pas vraiment d'énergie, parce que l'énergie est apparue seulement quand la vitesse U des almatrinos tend réellement vers une valeur qui est infinie.

Et nous pouvons conclure, qu'au début il n'y avait rien. Pas de masse, pas d'énergie. Car il n'y avait que le plus petit centre mort que l'on puisse imaginer, occupé seulement par la plus petite particule qui puisse exister, et que nous avons appelé almatrino. Et nous l'appelons point mort, seulement pour le définir, parce que dans cette particule il n'y avait pas de forces de vibration ou de rotation, par exemple. Mais quand cette particule a pu bouger, c'est à partir de ce mouvement que l'énergie est née qui a fait exploser la petite bulle d'énergie qui a éveillé la création de l'Univers. Et d'où provient tout ce qui existe, qui n'est que de l'énergie. Parce que la matière n'est rien d'autre que la même énergie qui s'est levée, mais a été agglutinée par un autre type de forces, tout aussi énergique qui les a intégrées, et ces forces d'intégration est ce que nous appelons les bosons. Mais la réalité, c'est que c'est la même énergie qui émane. Et si nous parvenons à récupérer l'Univers à nouveau, à l'amener à ce point mort, nous devrons le refroidir en même temps, parce que nous ne pourrons pas concentrer, dans ce point, toute l'énergie qui a déjà été produite. Parce que, en outre, au début, dans ce point, l'énergie n'existait pas, ce qui est à l'opposé de ce qui est élevé avec la masse et l'énergie de Max Planck.

À PROPOS DE L'AUTEUR

Diplômé de l'École de chimie de la Faculté des sciences de l'Université centrale du Venezuela, avec un diplôme en technologie chimique. Études de troisième cycle en sciences et technologies alimentaires. Travaux spéciaux sur la chimie des produits naturels et la chimie des maladies. Étude de la cosmologie et de l'origine de l'énergie spirituelle.

CARLOS PARTIDAS

www.ingramcontent.com/pod-product-compliance
Lightning Source LLC
Chambersburg PA
CBHW021919170526
45157CB00005B/2101